PRÓLOGO

Es indudable que las Inteligencias artificiales llegaron para quedarse. Tampoco podemos negar que el cambio que están logrando en el mundo, es una realidad.

Podemos verlo como competencia o como un facilitador. Todo depende del enfoque que le demos, y de nuestra disposición para usarla y aprender de ella.

A manera de ejercicio, y más como una valoración de sus capacidades, solapándola con los datos actuales que maneja, me di a la tarea de hacerle algunas de las preguntas más importantes que pueda yo tener, para dentro de 100 años.

Los temas de las preguntas fueron generados con IA pero depurados por mí, seleccionando los más relevantes.

Después de pedirle permiso para la creación y edición de este libro, estos fueron los resultados.

EL FUTURO PREDICHO: Las sorprendentes predicciones de una IA

EL FUTURO PREDICHO: Las sorprendentes predicciones de una IA

EL FUTURO PREDICHO: Las sorprendentes predicciones de una IA

TECNOLOGÍA

Inteligencia Artificial

Es difícil predecir con certeza cómo evolucionará la inteligencia artificial (IA) en los próximos 100 años, pero se espera que tenga un impacto cada vez más significativo en nuestras vidas y en la sociedad en general. A continuación, se presentan algunas posibles tendencias y desarrollos en el futuro de la IA:

Mayor sofisticación: se espera que la IA se vuelva cada vez más sofisticada y compleja, con una capacidad mejorada para procesar grandes cantidades de datos y aprender de ellos.

Avances en el aprendizaje profundo: la tecnología de aprendizaje profundo, que permite que las máquinas aprendan por sí mismas, se espera que se desarrolle aún más en el futuro, lo que podría conducir a la creación de sistemas de IA más inteligentes y capaces.

Aplicaciones en una amplia gama de sectores: la IA se está utilizando cada vez más en una amplia gama de sectores, desde la atención médica hasta la industria manufacturera, y se espera que esta tendencia continúe en el futuro.

Automatización: se espera que la IA conduzca a la automatización de una variedad de tareas y trabajos, lo que podría tener un impacto significativo en la economía y el empleo.

Avances en la robótica: se espera que la robótica continúe avanzando, lo que podría permitir la creación de robots más avanzados y capaces de realizar una variedad de tareas.

Avances en la visión por computadora: se espera que la tecnología de visión por computadora continúe avanzando, lo que podría permitir la creación de sistemas de IA más avanzados que puedan comprender y analizar mejor el mundo que les rodea.

Interacción humano-IA: se espera que la interacción entre los seres humanos y la IA se vuelva cada vez más común en el futuro, con un mayor uso de asistentes virtuales y chatbots.

Desarrollo de la IA general: se espera que la IA general (AGI), también conocida como IA fuerte o IA generalizada, se convierta en una realidad en el futuro. La AGI sería capaz de realizar una amplia variedad de tareas y aprender de manera similar a como lo hacen los seres humanos.

En general, se espera que la IA siga siendo una tecnología en constante evolución y desarrollo en los próximos 100 años, con aplicaciones cada vez más amplias y sofisticadas en una amplia gama de campos y sectores.

Mundos virtuales

Los mundos virtuales son entornos simulados en línea que permiten a los usuarios interactuar con un mundo digital en tiempo real. En los últimos años, los mundos virtuales han ganado popularidad y se han convertido en una forma cada vez más común de entretenimiento, educación y comunicación. A medida que avanzamos en los próximos 100 años, es probable que los mundos virtuales continúen evolucionando y expandiéndose en áreas como:

Interconexión y accesibilidad: Se espera que los mundos virtuales se vuelvan cada vez más accesibles y conectados a través de múltiples dispositivos y plataformas, lo que permitirá una mayor colaboración y comunicación entre los usuarios. La tecnología de realidad aumentada y virtual también podría mejorar la experiencia de los usuarios y aumentar la inmersión en los mundos virtuales.

Aplicaciones empresariales: Los mundos virtuales también tienen el potencial de ser utilizados en el mundo empresarial para la formación, simulaciones, reuniones virtuales y colaboración. Esto podría incluir la creación de espacios de trabajo virtuales y la integración de la tecnología de mundos virtuales en la formación y el desarrollo de habilidades.

Avances tecnológicos: Se espera que la tecnología que impulsa los mundos virtuales continúe avanzando, lo que podría permitir experiencias más inmersivas y realistas. Los avances en tecnología de inteligencia artificial, realidad virtual y aumentada, y procesamiento de gráficos podrían mejorar la calidad y la experiencia de los mundos virtuales.

Impacto social: Los mundos virtuales también podrían tener un impacto en la sociedad, en áreas como la educación, la salud mental y la diversidad e inclusión. Los mundos virtuales pueden proporcionar una plataforma para el aprendizaje y la exploración, así como una forma segura de experimentar y aprender sobre diferentes culturas y perspectivas.

En general, se espera que los mundos virtuales continúen evolucionando y expandiéndose en los próximos 100 años, ofreciendo nuevas oportunidades y experiencias para los usuarios en áreas como el entretenimiento, la educación, los negocios y la colaboración.

Videojuegos

Es difícil predecir con precisión cómo serán los videojuegos en los próximos 100 años, ya que la tecnología y las tendencias cambian rápidamente. Sin embargo, existen algunas tendencias y posibles desarrollos que se pueden mencionar:

Realidad virtual y aumentada: La tecnología de realidad virtual y aumentada tiene el potencial de cambiar drásticamente la forma en que los jugadores experimentan los videojuegos. Es posible que en los próximos años se desarrollen dispositivos más avanzados y accesibles, lo que permitiría a los jugadores sumergirse en mundos virtuales más realistas y dinámicos.

Inteligencia artificial: La inteligencia artificial ya se está utilizando en muchos videojuegos, pero se espera que continúe mejorando y evolucionando. Podría haber juegos en el futuro que utilicen la IA para personalizar la experiencia del jugador en tiempo real y crear mundos más realistas y adaptables.

Juegos basados en blockchain: La tecnología de blockchain y las criptomonedas podrían abrir nuevas posibilidades para los juegos en línea. Los juegos basados en blockchain podrían permitir a los jugadores poseer y comerciar objetos virtuales únicos y escasos, lo que podría cambiar la economía de los videojuegos.

Juegos educativos y de salud: Los videojuegos no solo pueden ser entretenidos, sino que también pueden tener beneficios educativos y de salud. En los próximos años, es posible que se desarrollen más juegos con estos objetivos en mente, lo que podría ayudar a mejorar la educación y la salud mental.

En resumen, es probable que los videojuegos sigan evolucionando y mejorando en los próximos 100 años, y es posible que veamos nuevas tecnologías y tendencias que cambien la forma en que se juegan y se perciben los juegos. Sin embargo, siempre habrá una necesidad de juegos que ofrezcan desafíos y entretenimiento a los jugadores.

Redes Neuronales

Las redes neuronales han experimentado un gran avance en las últimas décadas y se espera que continúen evolucionando y mejorando en los próximos 100 años. Algunas posibles tendencias y desarrollos son:

EL FUTURO PREDICHO: Las sorprendentes predicciones de una IA

Mejoras en el rendimiento: A medida que la tecnología avanza, se espera que las redes neuronales sean capaces de procesar información cada vez más rápidamente y con mayor precisión. Esto podría permitir la creación de redes neuronales más grandes y complejas, lo que podría tener implicaciones en una amplia variedad de campos, desde la medicina hasta la robótica.

Integración con otras tecnologías: Las redes neuronales podrían integrarse con otras tecnologías emergentes, como la realidad virtual y aumentada, la robótica y la internet de las cosas. Esto podría permitir la creación de sistemas más inteligentes y adaptables que puedan aprender y mejorar con el tiempo.

Aplicaciones en medicina: Las redes neuronales ya se están utilizando en la medicina para diagnósticos y predicciones de enfermedades. En los próximos 100 años, es posible que se desarrollen redes neuronales más avanzadas que permitan la personalización de tratamientos y la identificación temprana de enfermedades.

Desarrollo de inteligencia artificial general: Actualmente, las redes neuronales se utilizan para tareas específicas, como el reconocimiento de imágenes o la traducción de idiomas. En el futuro, es posible que se desarrollen redes neuronales más avanzadas que sean capaces de realizar una amplia variedad de tareas y que se acerquen más a la inteligencia artificial general.

En resumen, las redes neuronales son una tecnología emocionante que ha experimentado un rápido avance en los últimos años y es probable que continúe evolucionando en los próximos 100 años. Es posible que veamos avances significativos en la velocidad, precisión e integración con otras tecnologías, así como aplicaciones emocionantes en campos como la medicina y la inteligencia artificial general.

Los Robots

Es difícil predecir con certeza cómo será la robótica en los próximos 100 años, ya que las tecnologías y las tendencias pueden cambiar drásticamente en ese período de tiempo. Sin embargo, hay algunas tendencias y desarrollos actuales que podrían dar una idea de lo que podemos esperar en el futuro.

Es probable que la robótica continúe avanzando en la dirección de la inteligencia artificial (IA) y la automatización. Los robots del futuro podrían ser capaces de realizar tareas más complejas y adaptarse a diferentes entornos sin intervención humana. La IA podría permitir que los robots aprendan y evolucionen a lo largo del tiempo, lo que podría dar lugar a robots más inteligentes y capaces.

También se espera que la robótica tenga un papel cada vez más importante en la medicina y la atención sanitaria. Los robots podrían ser utilizados para realizar cirugías y procedimientos médicos de manera más precisa y efectiva que los cirujanos humanos. También podrían ser utilizados para asistir a los pacientes en sus tareas diarias y ayudar en la rehabilitación.

En el futuro, los robots también podrían ser utilizados para explorar y colonizar el espacio. Los robots podrían ser enviados a planetas distantes para recopilar datos y realizar tareas de mantenimiento, y podrían ser utilizados para construir bases y establecimientos en otros planetas.

Además, se espera que la robótica tenga un impacto cada vez mayor en la economía global. Los robots podrían ser utilizados para realizar tareas en fábricas, en el transporte y en otros sectores, lo que podría cambiar la forma en que se realiza el trabajo y afectar a la fuerza laboral humana.

En general, la robótica del futuro podría tener un impacto significativo en nuestras vidas, desde la atención médica hasta la exploración espacial, y podríamos ver avances significativos en la tecnología de robots en los próximos 100 años.

EL FUTURO PREDICHO: Las sorprendentes predicciones de una IA

Realidad virtual y aumentada

Al igual que con la robótica, es difícil predecir con precisión cómo será la realidad virtual (RV) y la realidad aumentada (RA) en los próximos 100 años. Sin embargo, basándonos en las tendencias actuales, podemos esperar que la RV y la RA se vuelvan cada vez más sofisticadas y tengan una gama cada vez mayor de aplicaciones.

En términos de hardware, podemos esperar que la RV y la RA evolucionen hacia dispositivos más compactos, potentes y portátiles, lo que permitirá a los usuarios llevarlos a todas partes y experimentarlos de manera más inmersiva. También se espera que la resolución y la calidad de las pantallas mejoren significativamente, lo que dará lugar a una experiencia de usuario más realista.

En cuanto a las aplicaciones, la RV y la RA podrían transformar la forma en que interactuamos con el mundo. La RA podría permitir a los usuarios ver información en tiempo real sobre el mundo que les rodea, como etiquetas de precios y críticas de restaurantes en tiendas y restaurantes. La RV podría permitir a los usuarios experimentar mundos completamente nuevos, como videojuegos inmersivos y experiencias educativas.

También se espera que la RV y la RA tengan un impacto significativo en la industria del entretenimiento. Las películas y los espectáculos podrían ser creados específicamente para la RV y la RA, lo que permitiría a los espectadores sentir que están dentro de la historia. Los deportes y eventos en vivo también podrían utilizar la RV y la RA para ofrecer a los espectadores una experiencia más inmersiva.

En general, se espera que la RV y la RA tengan un impacto significativo en una amplia variedad de sectores, desde la educación y la industria hasta el entretenimiento y la atención médica. Es posible que veamos avances significativos en la tecnología de RV y RA en los próximos 100 años, lo que podría cambiar la forma en que interactuamos con el mundo de manera fundamental.

Ciudades Inteligentes

Es difícil predecir con exactitud cómo serán las ciudades inteligentes en 100 años, ya que la tecnología avanza a un ritmo acelerado y las tendencias actuales pueden cambiar radicalmente en el futuro. Sin embargo, se pueden hacer algunas suposiciones basadas en las tendencias actuales y las posibilidades tecnológicas emergentes.

Es probable que las ciudades inteligentes del futuro sean mucho más automatizadas y eficientes que las actuales. Los edificios, las redes de transporte y los servicios públicos estarán conectados en una red inteligente, lo que permitirá a los residentes acceder a información en tiempo real y tomar decisiones informadas.

También es posible que la energía renovable juegue un papel importante en las ciudades inteligentes del futuro. La energía solar, eólica y geotérmica podrían ser utilizadas para alimentar los edificios y servicios de la ciudad, lo que reduciría la dependencia de los combustibles fósiles.

Las tecnologías emergentes como la inteligencia artificial, la robótica y la realidad virtual también pueden cambiar la forma en que interactuamos con las ciudades del futuro. Por ejemplo, la inteligencia artificial podría utilizarse para mejorar el transporte público y la gestión del tráfico, mientras que la realidad virtual podría permitir a los residentes experimentar su ciudad en una forma completamente nueva.

En resumen, las ciudades inteligentes del futuro probablemente serán más automatizadas, eficientes y sostenibles que las actuales, y estarán impulsadas por tecnologías emergentes que aún no podemos imaginar.

Redes neuronales

Es difícil predecir con certeza cómo serán las redes neuronales en 100 años, ya que la

EL FUTURO PREDICHO: Las sorprendentes predicciones de una IA

tecnología evoluciona rápidamente y hay muchos factores impredecibles que pueden influir en su desarrollo. Sin embargo, basándonos en las tendencias actuales, es posible hacer algunas suposiciones sobre cómo podrían ser las redes neuronales en el futuro.

Es probable que las redes neuronales se vuelvan mucho más avanzadas y complejas, con una mayor capacidad para aprender y adaptarse a diferentes situaciones. Actualmente, las redes neuronales están diseñadas para tareas específicas, como reconocimiento de imágenes o procesamiento de lenguaje natural, pero en el futuro podrían ser capaces de aprender de manera más general y realizar múltiples tareas.

También es posible que las redes neuronales del futuro sean capaces de trabajar en conjunto, creando sistemas más complejos y sofisticados. Esto podría permitir que las redes neuronales sean utilizadas para resolver problemas más grandes y complejos, como la predicción del clima o la optimización de la producción de energía.

Además, las redes neuronales podrían ser utilizadas en una variedad de campos, como la medicina, la robótica y la exploración espacial.

Por ejemplo, podrían utilizarse para analizar grandes cantidades de datos médicos y ayudar a los médicos a tomar decisiones informadas, o para controlar robots en entornos peligrosos o desconocidos.

En resumen, las redes neuronales del futuro podrían ser más avanzadas, flexibles y utilizadas en una variedad de campos, lo que podría conducir a avances significativos en áreas como la medicina, la robótica y la inteligencia artificial en general.

SOCIEDAD Y CULTURA

Empleos del Futuro

Es difícil predecir con exactitud los trabajos más demandados en los próximos 100 años, ya que habrá muchos factores que afecten la economía, la tecnología y la sociedad en general. Sin embargo, podemos identificar algunas tendencias que podrían influir en la demanda de empleo en el futuro:

Tecnología de la información y la comunicación: Con el creciente papel de la tecnología en nuestras vidas, es probable que haya una gran demanda de trabajadores especializados en el desarrollo de software, la ciberseguridad, el análisis de datos, la inteligencia artificial y la robótica.

Energías renovables: Con el aumento de la conciencia ambiental y la necesidad de reducir las emisiones de gases de efecto invernadero, es probable que haya una mayor demanda de trabajadores en la industria de energías renovables, incluyendo la energía solar, eólica, hidráulica y geotérmica.

Atención médica: Con el envejecimiento de la población y la creciente demanda de atención médica, es probable que haya una mayor demanda de trabajadores en el sector de la salud, incluyendo médicos, enfermeros, técnicos médicos, farmacéuticos y terapeutas.

Educación y formación: Con la creciente necesidad de adquirir nuevas habilidades y conocimientos en una economía en constante evolución, es probable que haya una mayor demanda de trabajadores en el sector de la educación y la formación, incluyendo profesores, formadores, instructores y mentores.

Trabajos en sectores emergentes: Con el avance de la tecnología y la economía, es posible que surjan nuevos sectores y trabajos que actualmente no existen. Por ejemplo, es posible que haya una mayor demanda de trabajadores en la industria espacial, la tecnología de viajes, la exploración y la minería submarina, entre otros.

En general, es probable que los trabajos más demandados en el futuro sean aquellos que estén relacionados con la tecnología, la sostenibilidad y la atención médica. Sin embargo, la demanda de empleo dependerá de muchos factores, incluyendo la economía, la política y la cultura.

Alimentos

Es difícil predecir con precisión cómo serán los alimentos en 100 años, ya que esto dependerá de muchos factores como la tecnología, la economía, la política y la cultura. Sin embargo, hay algunas tendencias y desarrollos en la industria alimentaria que podrían influir en cómo serán los alimentos en el futuro:

Alimentos personalizados: Con los avances en la tecnología y la ciencia de los alimentos, es posible que los alimentos se adapten cada vez más a las necesidades y preferencias individuales de cada persona. Por ejemplo, podríamos ver la creación de alimentos personalizados basados en datos genéticos o biométricos.

Alimentos sustentables: Con el aumento de la conciencia ambiental, es probable que los alimentos sostenibles y ecológicos se vuelvan cada vez más populares. Esto podría incluir el uso de tecnologías como la agricultura vertical, la producción de alimentos a base de plantas y la cría de animales en condiciones más humanas.

Alimentos basados en la tecnología: Con la creciente demanda de alimentos de origen vegetal y la tecnología de producción de carne cultivada, es posible que veamos un aumento en el uso de alimentos producidos en laboratorio y basados en la tecnología.

Mayor seguridad alimentaria: Con los avances en la tecnología de seguridad alimentaria y la regulación gubernamental, es probable que los alimentos sean cada vez más seguros y menos susceptibles a la contaminación y enfermedades transmitidas por los alimentos.

Alimentos "inteligentes": Con la creciente demanda de alimentos saludables y funcionales, es posible que los alimentos sean cada vez más diseñados para brindar beneficios adicionales para la salud y el bienestar, como alimentos enriquecidos con vitaminas, minerales y otros nutrientes.

En general, es probable que los alimentos en el futuro sean más personalizados, sostenibles y tecnológicos, y estén diseñados para brindar beneficios adicionales para la salud y el bienestar. Sin embargo, la forma en que se producen y consumen los alimentos dependerá de muchos factores, incluyendo la economía, la política y la cultura.

La sociedad

Es difícil predecir con certeza cómo será la sociedad en los próximos 100 años, ya que el futuro es incierto y está sujeto a una serie de factores impredecibles. Sin embargo, se pueden identificar algunas posibles tendencias y desarrollos que podrían influir en la evolución de la sociedad en el futuro:

Envejecimiento de la población: se espera que la población mundial continúe envejeciendo en el futuro, lo que podría tener un impacto en una serie de áreas, incluyendo la economía, la atención médica y la política.

Mayor diversidad: se espera que la diversidad racial, étnica y cultural continúe aumentando en muchos países del mundo, lo que podría llevar a una mayor comprensión y tolerancia entre diferentes grupos y a una mayor necesidad de políticas inclusivas.

Cambio climático: se espera que el cambio climático siga teniendo un impacto significativo en la sociedad en el futuro, con posibles consecuencias en áreas como la agricultura, la seguridad alimentaria, la energía y el medio ambiente.

Avances tecnológicos: se espera que la tecnología continúe avanzando en el futuro, con desarrollos en áreas como la inteligencia artificial, la robótica, la biotecnología y la nanotecnología, lo que podría tener un impacto significativo en la economía, el empleo y la sociedad en general.

Cambios en la economía: se espera que la economía siga evolucionando en el futuro, con cambios en áreas como el empleo, la educación, la productividad y la distribución de la riqueza.

Globalización: se espera que la globalización continúe influyendo en la sociedad en el futuro, con cambios en áreas como la migración, el comercio internacional y la cooperación internacional.

Cambios demográficos: se espera que los cambios demográficos, como el aumento de la urbanización y la migración interna, sigan influenciando la sociedad en el futuro, con posibles consecuencias en áreas como la vivienda, la infraestructura y la seguridad pública.

En general, se espera que la sociedad siga evolucionando en el futuro en respuesta a una serie de factores, incluyendo cambios demográficos, tecnológicos, económicos y medioambientales. Sin embargo, el futuro es incierto y está sujeto a una serie de factores impredecibles, por lo que es difícil predecir con

precisión cómo será la sociedad en los
próximos 100 años.

EL FUTURO PREDICHO: Las sorprendentes predicciones de una IA

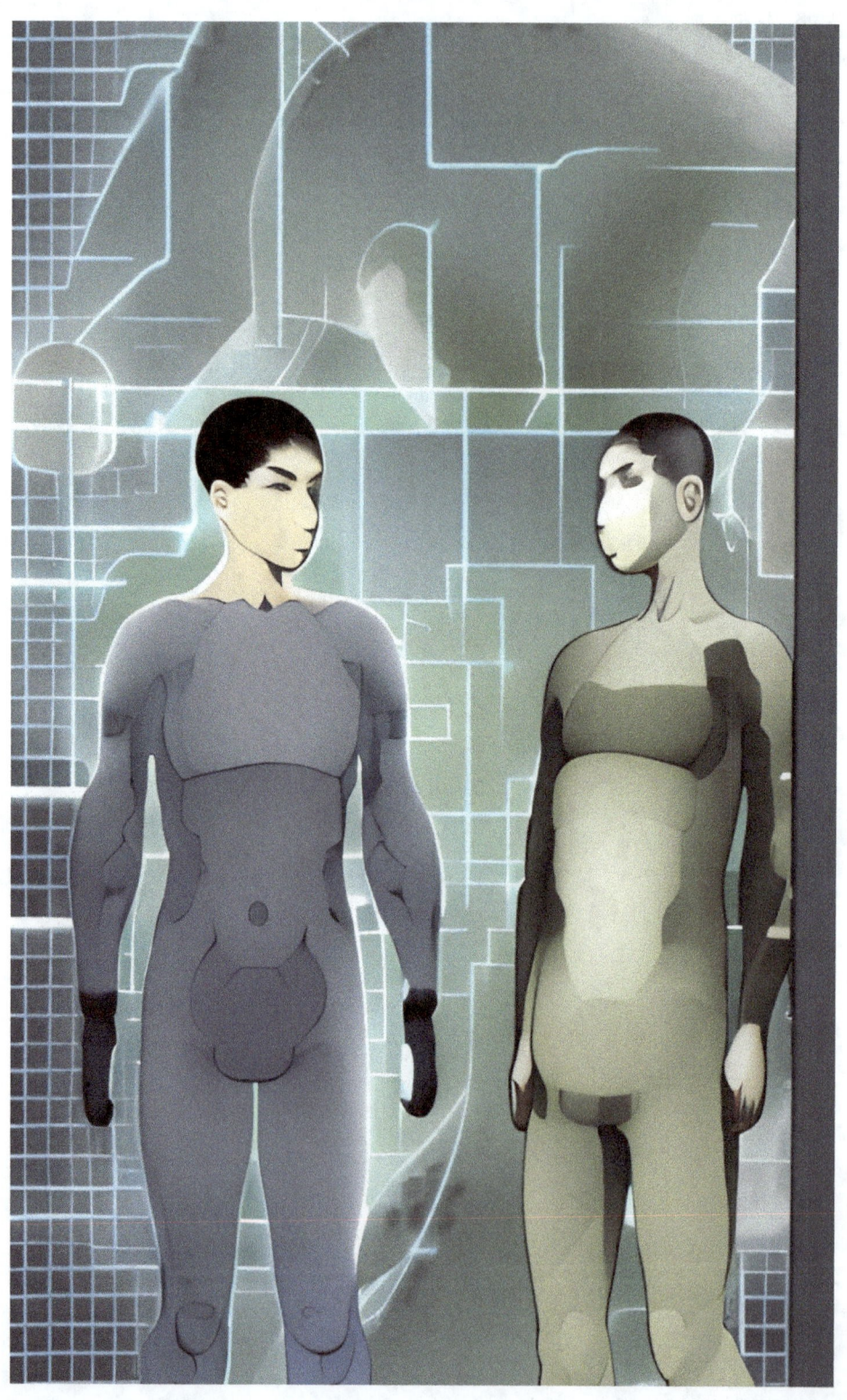

Colectivo LGTB+

Como modelo de lenguaje, mi capacidad se limita a predecir el futuro en base a patrones históricos y tendencias actuales. Sin embargo, dado que no puedo prever los acontecimientos impredecibles o los avances tecnológicos que podrían cambiar el curso de la historia, es importante recordar que cualquier predicción futura debe ser considerada con cautela.

Dicho esto, es posible que en 100 años la comunidad LGTB tenga una representación mucho más amplia en la sociedad y en la cultura. Es probable que las leyes y las políticas se hayan expandido para garantizar la igualdad de derechos y protección contra la discriminación para las personas LGBTQ+, en todo el mundo.

Es posible que la identidad de género y la orientación sexual no sean conceptos tabú o estigmatizados en la sociedad, y que las personas LGBTQ+ se sientan más seguras y cómodas en su entorno social y laboral. Las formas de expresión y el lenguaje utilizado para describir la diversidad sexual y de género podrían ser mucho más inclusivos y precisos, y las personas LGBTQ+ podrían tener más opciones y oportunidades para encontrar y conectarse con otras personas de su misma comunidad.

También es posible que las personas LGBTQ+ tengan acceso a tratamientos médicos más avanzados y a tecnologías de reproducción asistida que les permitan tener hijos biológicos, y que las leyes y políticas hayan avanzado para apoyar y proteger a las familias LGBTQ+.

En resumen, es posible que la comunidad LGTB tenga un futuro más inclusivo y aceptado en la sociedad, pero siempre será importante seguir trabajando para crear un mundo más justo y equitativo para todas las personas.

Identidad de Género

Es difícil predecir cómo será la identidad de género en 100 años, ya que la comprensión de la identidad de género ha evolucionado rápidamente en las últimas décadas y sigue siendo objeto de debate y evolución. Sin embargo, hay algunas tendencias y desarrollos que podrían influir en la identidad de género en el futuro:

Mayor aceptación: En los últimos años, ha habido un aumento significativo en la aceptación de las personas LGBT+ y la comprensión de la diversidad de género y sexualidad. Es posible que esta tendencia continúe en el futuro, lo que podría llevar a una mayor aceptación y comprensión de la identidad de género no binaria y otras formas de identidad de género.

Avances en la ciencia: Los avances en la biología y la neurociencia podrían ayudar a aclarar las bases biológicas de la identidad de género y permitir una mejor comprensión de cómo se desarrolla la identidad de género. Esto podría llevar a un mejor reconocimiento y comprensión de la identidad de género y posiblemente a una mayor aceptación.

Cambios culturales: Los cambios culturales y sociales podrían influir en la comprensión y aceptación de la identidad de género. Por ejemplo, la tecnología y las redes sociales pueden influir en la forma en que las personas interactúan y se expresan en relación con la identidad de género.

En general, es probable que la identidad de género siga evolucionando en los próximos 100 años, en respuesta a una variedad de factores sociales, culturales y científicos. A medida que la comprensión de la diversidad de género y la aceptación continúen avanzando, es posible que veamos una mayor aceptación y comprensión de la identidad de género no binaria y otras formas de identidad de género.

Religiones

Es difícil predecir con precisión cómo serán las religiones en 100 años, ya que la religión es una institución muy compleja y diversa que varía significativamente de una cultura y región a otra. Sin embargo, existen algunas tendencias y desarrollos que podrían influir en la religión en el futuro:

Secularización: En muchos países, ha habido una tendencia hacia la secularización, lo que significa que la religión se ha vuelto menos importante para las personas y ha perdido influencia en la vida pública. Esta tendencia podría continuar en el futuro, especialmente en países desarrollados y urbanos.

Cambios demográficos: El mundo está experimentando cambios demográficos significativos, como un aumento en la diversidad cultural y religiosa, y un aumento en la población no religiosa. Estos cambios podrían llevar a un mayor pluralismo religioso y una mayor aceptación de diferentes religiones y creencias.

Innovaciones tecnológicas: Las innovaciones tecnológicas, como la inteligencia artificial y la realidad virtual, podrían cambiar la forma en

que las personas interactúan con la religión.
Por ejemplo, podríamos ver la creación de
nuevas formas de adoración y comunidades
religiosas en línea.

Globalización: La globalización ha llevado a
una mayor interconexión entre las culturas y
religiones del mundo. Esto podría llevar a una
mayor comprensión y diálogo interreligioso, así
como a la creación de nuevas formas de
sincretismo religioso.

En general, es probable que las religiones
continúen evolucionando en los próximos 100
años en respuesta a una variedad de factores
sociales, culturales y tecnológicos. Es posible
que veamos una mayor diversidad y pluralismo
religioso, así como una mayor aceptación de
diferentes creencias y prácticas religiosas. Sin
embargo, la religión seguirá siendo una
institución importante para muchas personas, y
es probable que siga desempeñando un papel
importante en la vida pública y privada en
muchas partes del mundo.

EL FUTURO PREDICHO: LAS SORPRENDENTES PREDICCIONES DE UNA IA

EL FUTURO DEL PLANETA

Cambio Climático

El futuro de la energía renovable es muy prometedor para los próximos 100 años, ya que cada vez más países y empresas están comprometidos con la transición hacia fuentes de energía más limpias y sostenibles. Las tecnologías de energía renovable se han desarrollado mucho en las últimas décadas y se espera que sigan evolucionando y mejorando en el futuro.

La energía solar y eólica son dos de las fuentes de energía renovable más populares y se espera que sigan creciendo en importancia en los próximos 100 años. La tecnología de paneles solares y turbinas eólicas está mejorando constantemente, lo que significa que estos sistemas pueden producir energía de manera más eficiente y a menor costo. Además, las baterías de almacenamiento de energía están mejorando en términos de capacidad y costo, lo que permite que la energía solar y eólica se almacene y se use en momentos en que no hay suficiente sol o viento.

También se espera que la energía hidroeléctrica, geotérmica y de biomasa sigan siendo importantes fuentes de energía renovable. La energía hidroeléctrica, que utiliza la fuerza del agua para generar electricidad, ya es una fuente de energía renovable importante en muchos países. La energía geotérmica, que aprovecha el calor de la Tierra, también tiene un gran potencial en muchas regiones del mundo. La biomasa, que utiliza materia orgánica como la madera y los residuos agrícolas para producir energía, también es una fuente importante de energía renovable.

En general, se espera que las fuentes de energía renovable continúen creciendo y mejorando en los próximos 100 años, y que la energía renovable se convierta en una fuente de energía cada vez más importante y dominante. Esto tendrá un impacto positivo en el medio ambiente, la economía y la sociedad en general, ya que reducirá nuestra dependencia de los combustibles fósiles y ayudará a combatir el cambio climático.

Agricultura de precisión

La agricultura de precisión es una tecnología relativamente nueva que utiliza una variedad de sensores y dispositivos para recopilar datos sobre las condiciones de los cultivos, el suelo y el clima, y luego utiliza algoritmos para procesar esos datos y tomar decisiones informadas sobre la gestión de los cultivos. En los próximos 100 años, se espera que la agricultura de precisión continúe evolucionando y transformando la forma en que se cultivan los alimentos en todo el mundo.

Una de las principales tendencias en la agricultura de precisión es el uso cada vez mayor de drones y robots para recopilar datos y gestionar los cultivos. Los drones pueden proporcionar imágenes aéreas de alta resolución que permiten a los agricultores detectar problemas en los cultivos de manera temprana, como la aparición de plagas o enfermedades. Los robots pueden realizar tareas como la siembra, el riego y la cosecha con mayor precisión y eficiencia que los humanos.

También se espera que la agricultura de precisión se beneficie de avances en tecnologías como la inteligencia artificial y el aprendizaje automático, lo que permitirá a los agricultores analizar grandes cantidades de datos y tomar decisiones informadas sobre el manejo de los cultivos. Los sistemas de riego y fertilización automatizados también podrían ayudar a optimizar el uso de recursos y reducir el desperdicio.

En cuanto a la sostenibilidad, se espera que la agricultura de precisión contribuya a reducir el impacto ambiental de la agricultura convencional. Al permitir una gestión más precisa de los cultivos, se puede reducir el uso de pesticidas y fertilizantes, lo que puede mejorar la salud del suelo y reducir la contaminación del agua y del aire.

En general, se espera que la agricultura de precisión siga evolucionando y transformando la forma en que se cultiva los alimentos en todo el mundo. Esta tecnología puede contribuir a aumentar la eficiencia y la sostenibilidad de la agricultura, lo que puede tener un impacto positivo en la producción de alimentos y el medio ambiente.

Alimentos del futuro

Los alimentos del futuro son una categoría amplia que incluye una variedad de tecnologías y productos alimentarios innovadores. En los próximos 100 años, se espera que la industria alimentaria experimente importantes cambios y avances en esta área. Algunas de las tendencias y tecnologías que podrían tener un papel importante en el futuro de los alimentos son las siguientes:

Alimentos de origen vegetal: Se espera que el consumo de alimentos de origen vegetal siga creciendo en popularidad debido a las preocupaciones ambientales y de salud. Los sustitutos de la carne a base de plantas, como la carne cultivada en laboratorio, pueden ser cada vez más comunes y asequibles.

Alimentos funcionales: Los alimentos con propiedades saludables adicionales, como los probióticos y los prebióticos, podrían convertirse en una parte importante de la dieta. Los alimentos fortificados con nutrientes y vitaminas también pueden convertirse en más comunes.

Agricultura vertical: La agricultura vertical, en la que se cultivan plantas en un ambiente controlado y vertical, puede ser una forma de producir alimentos más sostenibles y eficientes en espacios urbanos.

Tecnología de producción de alimentos: La tecnología de producción de alimentos, como la impresión en 3D de alimentos, podría permitir una mayor personalización y creatividad en la preparación de alimentos.

Agricultura y ganadería sostenible: Se espera que las prácticas agrícolas y ganaderas sostenibles se conviertan en una parte cada vez más importante de la producción de alimentos. Esto puede incluir prácticas como la agricultura regenerativa y la ganadería extensiva.

En general, se espera que los alimentos del futuro sean más sostenibles, saludables y personalizados, y que la tecnología y la innovación jueguen un papel cada vez más importante en la producción y preparación de alimentos.

Células solares

Las células solares son una tecnología que convierte la luz solar en energía eléctrica, y se espera que desempeñen un papel cada vez más importante en el futuro de la energía renovable.

EL FUTURO PREDICHO: Las sorprendentes predicciones de una IA

En los próximos 100 años, se espera que las células solares sigan evolucionando y mejorando en varias áreas clave:

Eficiencia: Se espera que las células solares sean cada vez más eficientes en la conversión de la luz solar en energía eléctrica. Esto puede lograrse a través de la investigación y el desarrollo de nuevos materiales y tecnologías de células solares, así como la mejora de los procesos de fabricación.

Costo: A medida que la tecnología de células solares se vuelve más común y se fabrica a mayor escala, se espera que los costos de producción disminuyan. Esto podría hacer que la energía solar sea más asequible para los consumidores y empresas.

Almacenamiento de energía: Las células solares producen energía eléctrica cuando hay luz solar disponible, pero no producen energía en la oscuridad o en días nublados. En los próximos 100 años, se espera que las tecnologías de almacenamiento de energía, como las baterías, mejoren significativamente, lo que permitirá a los usuarios almacenar energía solar para su uso en momentos en que no hay luz solar disponible.

Integración en la infraestructura: Se espera que las células solares se integren cada vez más en la infraestructura urbana y rural. Esto podría incluir la instalación de células solares en techos de edificios, carreteras y otros lugares para capturar la luz solar y producir energía eléctrica.

Nuevos materiales y diseños: A medida que la investigación y el desarrollo de nuevos materiales y diseños de células solares avanza, se espera que se desarrollen nuevas tecnologías que hagan que la energía solar sea aún más eficiente y asequible.

En general, se espera que las células solares jueguen un papel cada vez más importante en el futuro de la energía renovable, y se espera que se produzcan importantes avances en la tecnología de células solares en los próximos 100 años. Esto puede contribuir significativamente a la reducción de la dependencia de los combustibles fósiles y a la lucha contra el cambio climático.

Energía nuclear

La energía nuclear ha sido una fuente de energía importante desde la década de 1950, pero también ha sido objeto de controversia debido a sus riesgos potenciales para la seguridad y el medio ambiente. En los próximos 100 años, se espera que la energía nuclear siga siendo una fuente importante de energía en algunas regiones del mundo, pero también se espera que haya importantes cambios y avances en esta área. Algunas de las tendencias y tecnologías que podrían tener un papel importante en el futuro de la energía nuclear son las siguientes:

Reactores nucleares avanzados: Se espera que los reactores nucleares avanzados sean más seguros y eficientes que los diseños actuales. Esto puede incluir diseños de reactores más pequeños y modulares, así como reactores nucleares de alta temperatura y reactores nucleares de sal fundida.

Fusión nuclear: La fusión nuclear es una tecnología experimental que utiliza la energía liberada por la fusión de núcleos atómicos para producir energía eléctrica. Aunque aún se encuentra en una etapa temprana de investigación, se espera que la fusión nuclear pueda convertirse en una fuente importante de energía en el futuro.

Almacenamiento de residuos nucleares: El almacenamiento seguro y a largo plazo de los residuos nucleares es un problema importante asociado con la energía nuclear. Se espera que la investigación y el desarrollo de nuevas tecnologías de almacenamiento, como el almacenamiento geológico profundo, hagan que el almacenamiento de residuos nucleares sea más seguro y eficiente.

Seguridad nuclear: La seguridad de la energía nuclear es un problema importante, y se espera que los avances en la tecnología de seguridad, como sistemas de seguridad más avanzados y pruebas de seguridad más rigurosas, mejoren la seguridad de los reactores nucleares.

Energía nuclear y cambio climático: La energía nuclear no produce emisiones de gases de efecto invernadero, por lo que se espera que desempeñe un papel importante en la lucha contra el cambio climático. Sin embargo, también se espera que la energía nuclear se enfrente a una mayor competencia de fuentes de energía renovable como la solar y la eólica.

En general, se espera que la energía nuclear siga siendo una fuente importante de energía en algunos países en los próximos 100 años, pero también se espera que haya importantes avances y cambios en la tecnología y la regulación de la energía nuclear.

Hidrógeno verde

El hidrógeno verde es una fuente de energía renovable que se produce a partir de la electrólisis del agua utilizando energía renovable. Es una tecnología prometedora que podría desempeñar un papel importante en la descarbonización de la economía global y en la transición hacia fuentes de energía más limpias y sostenibles.

En los próximos 100 años, se espera que el hidrógeno verde se convierta en una fuente de energía cada vez más importante en todo el mundo. Algunas de las tendencias y tecnologías que podrían tener un papel importante en el futuro del hidrógeno verde son las siguientes:

Tecnologías de producción de hidrógeno verde: Se espera que las tecnologías de producción de hidrógeno verde, como la electrólisis del agua y la gasificación de biomasa, se vuelvan más eficientes y más asequibles. Esto podría llevar a una mayor adopción del hidrógeno verde como fuente de energía en diferentes sectores, incluyendo el transporte, la industria y la generación de energía eléctrica.

Desarrollo de infraestructura: La infraestructura es un factor importante que determina la adopción y el uso del hidrógeno verde como fuente de energía. Se espera que se desarrollen y expandan las infraestructuras de producción, almacenamiento, distribución y uso de hidrógeno verde en todo el mundo, lo que podría fomentar su adopción y uso en diferentes sectores.

Investigación y desarrollo de tecnologías de almacenamiento: El almacenamiento de hidrógeno verde es un desafío importante debido a su baja densidad de energía. Se espera que la investigación y el desarrollo de nuevas tecnologías de almacenamiento, como el almacenamiento en hidruros metálicos y en nanotubos de carbono, mejoren la eficiencia y reduzcan los costos del almacenamiento de hidrógeno verde.

Regulación y políticas públicas: Las políticas públicas y la regulación pueden ser factores importantes que influyen en la adopción y el uso del hidrógeno verde. Se espera que los gobiernos y los organismos reguladores implementen políticas y regulaciones que fomenten el uso del hidrógeno verde y que promuevan la inversión en su desarrollo y expansión.

En general, se espera que el hidrógeno verde se convierta en una fuente de energía cada vez más importante en los próximos 100 años. La tecnología está aún en sus primeras etapas de desarrollo y es probable que haya importantes avances y cambios en su producción, almacenamiento y uso en diferentes sectores.

avances tecnológicos

Vida artificial

Es difícil predecir con certeza si habremos creado vida artificial en los próximos 100 años, ya que es un desafío científico y tecnológico extremadamente complejo y aún hay mucho que aprender sobre la naturaleza de la vida y la inteligencia.

Sin embargo, hay avances significativos en la investigación de la biología sintética, la inteligencia artificial y la robótica que podrían allanar el camino para la creación de formas de vida artificial en el futuro. Ya hemos creado organismos sintéticos simples, como bacterias con genomas sintéticos, y se están explorando nuevas formas de crear sistemas más complejos de células sintéticas que podrían realizar funciones útiles, como la eliminación de contaminantes en el medio ambiente.

Además, se están realizando investigaciones en inteligencia artificial y robótica que podrían permitir la creación de sistemas de inteligencia y vida artificial más avanzados en el futuro. Por ejemplo, se están desarrollando robots con habilidades de aprendizaje y toma de decisiones que se asemejan cada vez más a las de los seres humanos.

En resumen, es difícil predecir con certeza si habremos creado vida artificial en los próximos 100 años, pero hay avances significativos en la biología sintética, la inteligencia artificial y la

robótica que sugieren que es una posibilidad
en el futuro.

Turismo Espacial

El turismo espacial está todavía en sus primeras
etapas, y es difícil prever con exactitud cómo
será en 100 años. Sin embargo, podemos
especular sobre algunos posibles escenarios
basados en las tendencias actuales y en la
evolución tecnológica que se espera en el
futuro.

En primer lugar, es probable que el turismo
espacial se vuelva más accesible y asequible a
medida que la tecnología mejore y se reduzcan
los costos. Esto podría significar una mayor
cantidad de personas que pueden permitirse

viajar al espacio y una mayor diversidad de destinos disponibles. En lugar de limitarse a visitas cortas a la órbita terrestre, los turistas podrían ser capaces de viajar a la Luna, Marte u otros planetas y lunas en el sistema solar.

Además, es posible que en el futuro se desarrollen estaciones espaciales y hoteles que permitan estadías más prolongadas en el espacio, lo que permitiría a los turistas experimentar la vida en gravedad cero, ver la Tierra desde una perspectiva única y realizar actividades como la exploración y la investigación científica.

También es posible que la tecnología de propulsión y transporte espacial mejore, lo que podría reducir los tiempos de viaje y hacer que el turismo espacial sea más práctico y atractivo para un público más amplio. Incluso podrían surgir nuevas formas de transporte espacial, como naves espaciales impulsadas por energía nuclear o naves espaciales de propulsión láser.

En cuanto a la sostenibilidad, es probable que se preste más atención a la reducción del impacto ambiental del turismo espacial, y se desarrollen tecnologías y prácticas para minimizar la huella ecológica de las actividades espaciales.

En resumen, es probable que el turismo
espacial experimente un crecimiento
significativo en los próximos 100 años, con
avances tecnológicos que permitan un mayor
acceso y diversidad de destinos, así como un
enfoque en la sostenibilidad y la seguridad. Sin
embargo, esto dependerá de muchos factores,
como la evolución tecnológica, la economía
global y la política espacial internacional.

Contacto Extraterrestre

Es difícil predecir con certeza si tendremos
algún tipo de contacto con seres de otro
planeta en los próximos 100 años, ya que
depende de muchos factores desconocidos y
variables. Sin embargo, hay algunos desarrollos
actuales en la exploración espacial y la
búsqueda de vida extraterrestre que pueden
ser prometedores en este sentido.

Por ejemplo, en los últimos años, se han
descubierto miles de exoplanetas (planetas que
orbitan estrellas fuera de nuestro sistema solar)
y se han identificado algunas características
que podrían hacer que sean potencialmente

habitables. Además, la búsqueda de señales de vida extraterrestre ha avanzado significativamente gracias a los avances en la tecnología de telescopios y la investigación en radioastronomía.

En cuanto a los esfuerzos de exploración espacial, hay varias misiones planificadas en las próximas décadas que podrían arrojar luz sobre la posibilidad de vida en otros planetas, como la misión Mars Sample Return de la NASA, que busca traer muestras de Marte a la Tierra para su análisis.

Sin embargo, es importante tener en cuenta que incluso si descubrimos señales de vida extraterrestre, podría tomar décadas, si no siglos, antes de que se establezca cualquier forma de contacto significativo. Además, no sabemos qué forma tomaría ese contacto y si sería pacífico o no.

En resumen, es difícil predecir con certeza si tendremos algún tipo de contacto con seres de otro planeta en los próximos 100 años, pero hay avances significativos en la exploración espacial y la búsqueda de vida extraterrestre que podrían ser prometedores en este sentido.

EL FUTURO PREDICHO: Las sorprendentes predicciones de una IA

Colonización espacial

Es difícil predecir con certeza si habremos colonizado Marte en 100 años, ya que depende de muchos factores desconocidos y variables. Sin embargo, hay varios esfuerzos en curso para explorar y eventualmente colonizar el Planeta Rojo, y hay algunas razones para ser optimistas.

Por ejemplo, la NASA ha establecido la meta de enviar astronautas a Marte en la década de 2030, y ha estado trabajando en el desarrollo de tecnologías para apoyar esa misión. Además, hay varias empresas privadas que están trabajando en proyectos de exploración y colonización de Marte, como SpaceX, que ha anunciado planes para enviar una misión tripulada al Planeta Rojo en la década de 2020.

Sin embargo, colonizar Marte será un proceso extremadamente difícil y peligroso que requerirá resolver muchos desafíos tecnológicos, logísticos y de seguridad. También será necesario resolver problemas de sostenibilidad a largo plazo, como cómo producir alimentos y suministros en un ambiente hostil y cómo mantener una colonia humana saludable en un entorno con niveles de radiación más altos que los que estamos acostumbrados en la Tierra.

En resumen, aunque es difícil predecir con certeza si habremos colonizado Marte en 100 años, hay esfuerzos significativos en curso para explorar y eventualmente colonizar el Planeta Rojo, y es posible que logremos establecer una presencia humana sostenible allí en algún momento en el futuro.

Tratamientos contra el Cáncer

Es posible que en los próximos 100 años se desarrollen mejores tratamientos y curas para el cáncer. A medida que la investigación médica avanza, se descubren nuevas formas de abordar la enfermedad y se crean terapias más efectivas.

En la actualidad, se han logrado avances significativos en la inmunoterapia del cáncer, que utiliza el sistema inmunológico del cuerpo para combatir las células cancerosas. También se están investigando tratamientos personalizados basados en la genómica del cáncer, que pueden dirigirse a mutaciones específicas en las células cancerosas.

Además, la tecnología médica continúa avanzando y mejorando, lo que podría permitir el desarrollo de mejores herramientas de diagnóstico y tratamiento para el cáncer. La inteligencia artificial y el aprendizaje automático también pueden ser utilizados para acelerar la investigación y el desarrollo de nuevas terapias.

En cuanto a las vacunas, aunque actualmente no existe una vacuna contra el cáncer, hay investigaciones en curso para desarrollar una vacuna preventiva que pueda ayudar a prevenir ciertos tipos de cáncer.

En resumen, es posible que en los próximos 100 años se desarrollen tratamientos y curas más efectivas para el cáncer, así como también vacunas preventivas. Sin embargo, la investigación médica es un proceso complejo y lleva tiempo, por lo que no se puede predecir con certeza qué avances se lograrán en ese período de tiempo.

Pandemias

Es posible que se produzcan nuevas pandemias en los próximos 100 años. Las pandemias son eventos complejos y difíciles de prever, y están influenciados por diversos factores como el aumento de la población mundial, el cambio climático, la urbanización, la globalización y el aumento de la movilidad humana.

Además, los virus y otros patógenos continúan evolucionando y adaptándose, lo que puede llevar a la aparición de nuevas enfermedades o variantes más contagiosas y virulentas.

Sin embargo, también es importante destacar que la tecnología médica y la capacidad de respuesta global a las pandemias están mejorando constantemente. Las lecciones aprendidas durante la pandemia de COVID-19 pueden ayudar a mejorar la preparación y la respuesta a futuras pandemias.

En resumen, aunque es posible que ocurran nuevas pandemias en los próximos 100 años, la ciencia y la tecnología médica están avanzando constantemente y es probable que se tomen medidas para mejorar la prevención, detección y respuesta a dichas crisis sanitarias.

Cambio Climático

l cambio climático tendrá un impacto significativo en nuestro planeta y sociedad en los próximos 100 años. Se espera que las temperaturas globales continúen aumentando, lo que puede tener consecuencias graves, como el aumento del nivel del mar, la acidificación de los océanos, eventos climáticos extremos más frecuentes y severos, la pérdida de biodiversidad y la disminución de la producción de alimentos.

Se espera que las regiones costeras sean especialmente vulnerables a la subida del nivel del mar, lo que puede llevar a la pérdida de tierras y a la migración de personas. También se espera que la frecuencia y la intensidad de eventos climáticos extremos, como huracanes, sequías e inundaciones, aumenten, lo que puede tener consecuencias graves para la agricultura, la seguridad alimentaria y la salud pública.

Además, el cambio climático puede aumentar el riesgo de conflictos y desplazamientos humanos, especialmente en regiones donde los recursos naturales son escasos y la competencia por ellos es alta.

EL FUTURO PREDICHO: Las sorprendentes predicciones de una IA

En resumen, el cambio climático es un desafío global que tendrá consecuencias significativas para nuestro planeta y sociedad en los próximos 100 años. Es importante tomar medidas ahora para reducir las emisiones de gases de efecto invernadero y adaptarse a los cambios inevitables para minimizar los impactos negativos.

Redes Sociales

Es difícil predecir con certeza cómo serán las redes sociales en el futuro, ya que su evolución depende de muchos factores, como los avances tecnológicos, las demandas de los usuarios y las regulaciones gubernamentales. Sin embargo, se pueden vislumbrar algunas posibles tendencias.

Es posible que las redes sociales se vuelvan más personalizadas y basadas en la inteligencia artificial, lo que permitiría a los usuarios acceder a contenido más relevante y adaptado a sus intereses y preferencias. Las redes sociales también podrían integrarse más con la realidad aumentada y virtual, lo que permitiría a los usuarios interactuar con los demás de maneras más inmersivas y realistas.

También es posible que surjan nuevas redes sociales que se centren en temas específicos o en comunidades más pequeñas y enfocadas, lo que permitiría a los usuarios conectarse con personas que compartan intereses o preocupaciones similares. Además, es probable que las preocupaciones sobre la privacidad de los usuarios sigan siendo importantes y que las regulaciones gubernamentales se vuelvan más estrictas en respuesta a estas preocupaciones.

En resumen, las redes sociales continuarán evolucionando en el futuro y es posible que se vuelvan más personalizadas, integradas con tecnologías emergentes y centradas en temas específicos o comunidades más pequeñas.

NFT

EL FUTURO PREDICHO: Las sorprendentes predicciones de una IA

Es difícil predecir con certeza cómo evolucionarán los NFT (Tokens no fungibles) en los próximos 100 años, pero es posible hacer algunas suposiciones basadas en las tendencias actuales y las tecnologías emergentes.

Los NFT han sido una innovación importante en el mundo de la criptomoneda, ya que permiten la creación y el intercambio de activos digitales únicos y no fungibles, como obras de arte, música y otros contenidos digitales. En el futuro, es posible que los NFT se utilicen de manera más amplia en una variedad de aplicaciones y sectores, desde la propiedad de activos físicos hasta la gestión de derechos de propiedad intelectual.

Es posible que los NFT se utilicen en la gestión de activos físicos, como la propiedad de bienes raíces y obras de arte, lo que podría revolucionar los mercados de inversión y la propiedad de activos. Los NFT también podrían utilizarse en el mundo de los deportes y el entretenimiento, permitiendo a los fans poseer piezas únicas de contenido digital relacionado con sus equipos o artistas favoritos.

Otra posibilidad es que los NFT evolucionen hacia formas más avanzadas de tokens de seguridad, lo que podría permitir una mayor fragmentación de la propiedad de activos financieros y la creación de nuevos mercados. Además, es posible que se desarrollen nuevas tecnologías para mejorar la escalabilidad y la interoperabilidad de los NFT, lo que permitiría una mayor adopción y uso en una variedad de aplicaciones.

En resumen, es probable que los NFT sigan siendo una tecnología importante en el futuro, permitiendo la creación y el intercambio de activos digitales únicos en una variedad de sectores y aplicaciones.

Criptomonedas

Es difícil predecir con certeza cómo será el ecosistema de las criptomonedas en 100 años, ya que se trata de un período de tiempo muy largo en el que pueden ocurrir muchos cambios impredecibles. Sin embargo, se pueden hacer algunas suposiciones basadas en las tendencias actuales y las tecnologías emergentes.

Es posible que en 100 años las criptomonedas sean más ampliamente aceptadas y utilizadas como forma de pago en todo el mundo, y que se hayan convertido en una alternativa más popular a las monedas fiduciarias tradicionales. Además, es posible que se hayan desarrollado nuevas tecnologías para mejorar la seguridad y la escalabilidad de las criptomonedas, lo que las haría más atractivas para los usuarios y los inversores.

También es posible que las criptomonedas evolucionen hacia formas más avanzadas, como los tokens de seguridad, que permiten la propiedad fraccionada de activos financieros y la creación de nuevos mercados. Otra posibilidad es que las criptomonedas evolucionen hacia formas más descentralizadas y democráticas, que permitan a las comunidades crear y gestionar sus propias monedas.

En cualquier caso, es probable que las criptomonedas sigan siendo un tema importante en la economía global y en la tecnología financiera durante muchos años, y que continúen evolucionando y adaptándose a medida que cambian las necesidades y las demandas de los usuarios y los mercados.

Empleos perdidos

Es difícil predecir con certeza qué empleos desaparecerán en los próximos 100 años, ya que se trata de un período de tiempo muy largo en el que pueden ocurrir muchos cambios impredecibles. Sin embargo, hay algunas tendencias actuales y tecnologías emergentes que podrían tener un impacto significativo en el mercado laboral y llevar a la desaparición de ciertos trabajos.

Por ejemplo, es probable que los avances en la inteligencia artificial y la automatización eliminen muchos trabajos que implican tareas repetitivas y rutinarias, como los trabajos en la manufactura, la construcción, la limpieza y la agricultura. También es posible que la adopción de la robótica y la automatización en sectores como el transporte y la logística elimine trabajos como los conductores de camiones y los repartidores.

Además, la creciente digitalización y automatización en el mundo de los negocios podría llevar a la desaparición de algunos trabajos de oficina, como los asistentes administrativos y los trabajos de procesamiento de datos. Los avances en la inteligencia artificial también podrían hacer que algunos trabajos en el sector de la salud, como la radiología y la patología, sean menos necesarios.

Por otro lado, es posible que surjan nuevos trabajos y oportunidades en sectores emergentes, como la inteligencia artificial, la biotecnología, la nanotecnología y la energía renovable. En cualquier caso, es probable que el mercado laboral siga evolucionando y cambiando a medida que avanzan las tecnologías y cambian las necesidades y demandas de los consumidores y los mercados.

Inteligencia Artificial

Es difícil predecir con certeza cómo serán las inteligencias artificiales dentro de 100 años, ya que se trata de un período de tiempo muy largo en el que pueden ocurrir muchos cambios impredecibles. Sin embargo, se pueden hacer algunas suposiciones basadas en las tendencias actuales y las tecnologías emergentes.

Es posible que en el futuro las inteligencias artificiales sean mucho más avanzadas que las actuales, y que sean capaces de realizar tareas más complejas y sofisticadas. Es probable que las futuras inteligencias artificiales sean más flexibles y adaptables, y que sean capaces de aprender y desarrollarse de manera autónoma a través de algoritmos y redes neuronales más avanzadas.

Además, es posible que las inteligencias artificiales del futuro sean más integradas y conectadas, y que sean capaces de trabajar juntas en sistemas más complejos y amplios. Las futuras inteligencias artificiales también podrían ser capaces de interactuar y comunicarse con los humanos de manera más natural, a través de interfaces de lenguaje natural y otras tecnologías avanzadas.

Es posible que las futuras inteligencias artificiales sean más éticas y responsables, y que se les haya diseñado para tomar decisiones más justas y equitativas. Es probable que la seguridad y la privacidad de las inteligencias artificiales también sean más importantes en el futuro, ya que se espera que estén más integradas en nuestras vidas cotidianas y tengan acceso a más datos y sistemas sensibles.

En cualquier caso, es probable que las inteligencias artificiales sigan evolucionando y adaptándose a medida que avanzan las tecnologías y cambian las necesidades y demandas de los consumidores y los mercados.

Esperanza de Vida

Es difícil predecir con certeza cuál será la esperanza de vida dentro de 100 años, ya que depende de muchos factores impredecibles, como los avances médicos, las tendencias demográficas y los cambios en el estilo de vida.

Sin embargo, es posible que la esperanza de vida siga aumentando en el futuro a medida que se desarrollen nuevas tecnologías médicas y se mejoren las condiciones de vida. Por ejemplo, se espera que los avances en la medicina regenerativa, la ingeniería de tejidos y la terapia génica permitan tratar y curar enfermedades que antes eran mortales.

Además, se espera que la tecnología médica permita un diagnóstico más temprano y preciso de enfermedades, lo que podría permitir un tratamiento más efectivo y mejorar los resultados de salud a largo plazo. También se espera que los avances en la tecnología de la información y la comunicación permitan una atención médica más personalizada y adaptada a las necesidades individuales de cada paciente.

Sin embargo, también es posible que la esperanza de vida se vea afectada negativamente por factores como el cambio climático, la contaminación y el estilo de vida poco saludable. Por lo tanto, es difícil predecir con certeza cómo se desarrollará la esperanza de vida en el futuro, y es probable que dependa de muchos factores impredecibles y cambiantes.

conclusiones

Las predicciones de la AI muestra, por una parte, un modelo de escritura que repite sonidos y frases, el más claro ejemplo es que la mayoría de los párrafos empiezan exactamente igual y comparten una estructura muy similar.

Esta repetición de lo difícil que es predecir, está más bien establecido por el equipo detrás de esta IA, a manera de no generar falsas expectativas o poca veracidad.

Su tendencia es interesante, primero establece el tema, luego enumera los putos relevantes y da una conclusión. No es de extrañar que su mayor uso sea el ámbito educativo.

En este momento estamos en un punto donde las IA aún generan datos falsos, y donde no tiene acceso a Internet. Una IA no genera nuevos conocimientos, usa los que ya tenemos para generar una respuesta.

ChatGPT3 no es una IA de predicciones, no genera nuevos datos, ni válida sus afirmaciones en estudios actualizados, por eso algunas de sus respuestas son escuetas y algo predecibles.

Lo más interesante y esperanzadora de este ejercicio es que planeta un futuro más abierto y más seguro para la sociedad en temas de sexualidad, identidad de género y el aborto.

Aún no estamos en el futuro que planteaba Asimov en sus novelas, pero estamos cerca. Creo que estas Inteligencias artificiales están cambiando al mundo y que nosotros debemos cambiar con ellas.

Con este ejercicio se pretendía analizar que responde y como responde. En ningún momento espero que estas declaraciones hechas por la IA sena dadas por ciertas, puesto que no es su función y posiblemente en 10 años tengamos un panorama mejor para las IA y peor para el mundo si realmente no logramos frenar el cambio climático.

Acerca De este Libro

Los temas a tratar fueron generados con IA

Los textos (excepto el prólogo y las conclusiones) fueron generados con IA

*EL FUTURO PREDICHO: LAS
SORPRENDENTES PREDICCIONES DE UNA IA*

Las imágenes fueron generadas con IA

El título del libro fue generado con IA